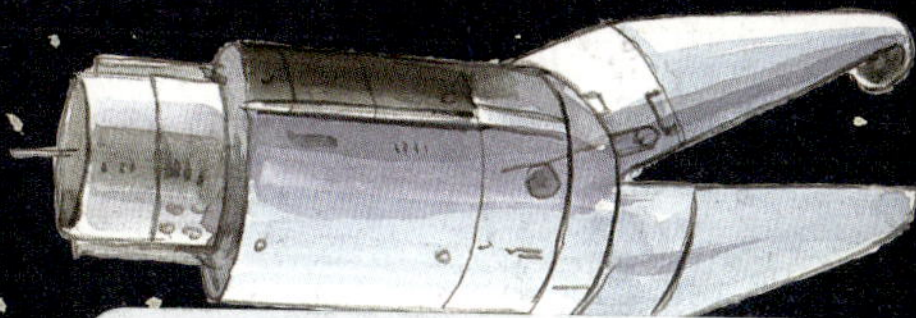

Lydia Hauenschild

Leselöwen

Weltraum-Wissen

Illustrationen von Johann Brandstetter

Loewe

Der Umwelt zuliebe ist dieses Buch
auf chlorfrei gebleichtem Papier gedruckt.

ISBN-10: 3-7855-5729-9
ISBN-13: 978-3-7855-5729-7
1. Auflage 2006

Umschlagillustration: Johann Brandstetter
Umschlaggestaltung: Andreas Henze
Printed in Germany (017)

www.loewe-verlag.de

Inhalt

Ausflug ins Weltall

„Oh, ist der schön!“ Steffen bestaunt den leuchtenden Globus, den ihm Onkel Horst gerade zum Geburtstag geschenkt hat.

Wenn Steffen daran denkt, was er letztes Jahr von seinem Lieblingsonkel bekommen hat: den Besuch im Freizeitpark mit dieser schrecklich aufregenden Achterbahn-Fahrt – da wirkt der bunte Erdball doch bedeutend ungefährlicher!

„Ja, unsere Erde ist schön“, stimmt Onkel Horst seinem Neffen zu. „Und ungefähr hier wohnst du auf ihr.“

Unter seinem Zeigefinger verschwindet oben auf der Kugel ein winziges Land.

„Dort oben?“ Steffen betrachtet den Globus genauer. „Puh, ein Glück! Stell dir vor, Onkel Horst, ich würde da unten wohnen.“ Er deutet auf Australien. „Dann müsste ich dauernd auf dem Kopf stehen. Oder nein, noch schlimmer, ich würde von der Erde ins Weltall fallen!“

„Also, du hast Ideen!“ Onkel Horst lacht. „Es purzelt doch niemand von der Erde. Dafür sorgt die Erdanziehungskraft, die alles auf der Erde festhält. Auch uns Menschen.“

„Aha“, sagt Steffen. Aber verstanden hat er nichts. Das sieht ihm der Onkel an der Nasenspitze an.

„Und verkehrt herum stehen die Menschen in Australien auch nicht“, erzählt Onkel Horst. „Im Weltall gibt es nämlich kein Oben und kein Unten.“

Steffen zieht die Stirn kraus. „Dann ist

auf der unteren Hälfte der Erde doch alles so wie bei uns?“

„Nicht ganz.“ Onkel Horst schüttelt den Kopf. „Die Menschen sehen dort zum Beispiel nicht dieselben Sterne wie wir, wenn sie in den Himmel gucken. Sie schauen ja auf der anderen Seite ins Weltall.“

„Aha“, sagt Steffen. Doch seine Nasenspitze verrät ihn schon wieder.

„Weißt du was?“ Onkel Horst schmunzelt. „Am besten, wir beide reisen nächsten Samstag einfach zusammen ins Weltall. Dann kannst du dir das alles einmal genau anschauen.“

Ins Weltall reisen? Steffen reißt die Augen auf. Was kann Onkel Horst denn damit meinen? Das klingt ja noch schrecklicher als Achterbahn fahren!

„Aber ... aber das geht doch nicht!“, stottert er.

„Und wie das geht“, meint Onkel Horst. „Lass dich überraschen.“

Am Samstagnachmittag regnet es in Strömen.

„Sehr gut, bei dem Mistwetter fällt der Ausflug vielleicht ins Wasser!“, hofft Steffen.

Doch um zwei Uhr holt Onkel Horst ihn wie versprochen ab.

Zuerst fahren die beiden mit der Straßenbahn in einen Stadtteil, in dem Steffen noch nie war. Vorsichtig lugt er nach dem Aussteigen unter seinem Regenschirm hervor.

„Siehst du, dort drüben ist der Eingang ins Weltall.“ Onkel Horst zeigt auf ein Gebäude, an dem in goldenen Buchstaben PLANETARIUM geschrieben steht, und marschiert mit großen Schritten los.

In Steffens Bauch grummelt es, als ob tausend kleine Monster darin toben würden. So mulmig ist ihm zu Mute.

Doch in der Eingangshalle stellt Steffen verblüfft fest, dass dort schon viele andere Kinder und Erwachsene warten, die anscheinend auch alle mitfliegen wollen.

Und dann kauft Onkel Horst zwei Eintrittskarten.

„Für die Vorstellung ‚Eine kleine Himmelskunde‘“, bittet er an der Kasse.

„Ach so!“, ruft Steffen da erleichtert. „Das ist ein Kino!“

„Na ja, nur so etwas Ähnliches", antwortet Onkel Horst. „Ein Planetarium ist eher ein Sternentheater."

Gemeinsam betreten die beiden einen Saal ohne Fenster. Bisher hat Steffen immer geglaubt, alle Räume seien eckig. Aber dieser hier ist rund. Sogar die Decke.

Noch erstaunlicher findet Steffen allerdings das seltsame Ding aus Metall, das in der Mitte des Saales steht.

„Das ist ein Spezial-Projektor", erklärt Onkel Horst, bevor er sich mit Steffen in bequemen Liegesesseln niederlässt. „Er bildet an der Kuppel die Sterne und Planeten ab."

Gespannt guckt Steffen nach oben. Doch noch sieht die gewölbte Decke einfach nur weiß aus.

Da – mit einem Mal ertönt leise Musik, und im Saal wird es dämmerig. Fast so, als würde abends die Sonne untergehen. Und schließlich leuchten über Steffen lauter Sterne in der Nacht. Wie unter freiem Himmel.

„Wahnsinn!“, haucht Steffen begeistert.

„Viel Spaß auf der Reise“, flüstert ihm Onkel Horst ins Ohr.

Dann werden die beiden mucksmäuschenstill, denn eine Stimme beginnt zu erzählen: „Schon vor tausenden von Jahren betrachteten die Menschen den Sternenhimmel. Viele fanden ihn einfach nur schön. Andere glaubten an höhere Mächte, die uns von dort oben lenken. Und einige wollten alles über den Himmel wissen. Durch diese klugen Beobachter entstand im Laufe der Zeit die Astronomie. So nennen wir die exakte Wissenschaft von den Sternen, Planeten und Monden."

Die Sterne über Steffen verschwinden, und für einen Moment wird es finster.

„Bevor das Universum entstand, gab es – nichts", erzählt die Stimme weiter. „Erst durch einen gewaltigen Urknall formte sich eine Staub- und Gaswolke, aus der sich Galaxien bildeten ..."

Steffen hört aufmerksam zu und bestaunt die sich immerzu ändernden Bilder an der Decke. Aber am meisten spitzt er die Ohren bei der Sache mit den Meteoriten. Denn da oben im Weltall fliegen tatsächlich Steine herum. Und die können der Erde so nah kommen, dass sie aufschlagen und tiefe Krater hinterlassen!

Steffen traut sich erst wieder, Luft zu holen, als die Stimme sagt, dass solche Meteoriteneinschläge nur sehr, sehr selten vorkommen. Und bald darauf ist die Vorstellung zu Ende.

Noch ganz benommen, verlässt Steffen mit Onkel Horst das Planetarium, mustert den Himmel, von dem inzwischen wieder die Sonne lacht – und spannt seinen Schirm auf.

„Nanu, warum denn das?“, fragt Onkel Horst verdutzt. „Es regnet doch nicht mehr.“

„Das schon“, antwortet Steffen. „Aber weißt du, ob nicht gleich so ein Meteorit vom Himmel fällt?“

Ein Blick ins Weltall

Das **Universum** umfasst sämtliche Sterne und Sternensysteme. Es ist größer als alles, was wir uns vorstellen können. Man nimmt an, dass das Weltall vor etwa 15 Milliarden Jahren durch einen gewaltigen **Urknall** entstand.

Durch den Urknall bildeten sich riesige Gas- und Staubwolken. Unzählige dieser Wolken verdichteten sich im Laufe der Zeit zu glühenden Gasbällen. Diese sehen wir nachts am Himmel als **Sterne** leuchten. Doch nicht alle Sterne sind gleich: Es gibt große und kleine, junge und alte, helle und dunkle.

Eine Ansammlung von Sternen nennt man **Galaxie**. Im Universum gibt es mindestens drei Milliarden Galaxien. Große Galaxien umfassen dabei mehrere hundert Milliarden Sterne. Zwischen den Galaxien ist der Weltraum dagegen nahezu leer.

Unsere **Sonne** besteht wie alle Sterne aus glühendem Gas. Sie leuchtet am Rand einer Galaxie, die von den Astronomen als **Milchstraße** bezeichnet wird. Für uns ist die Sonne der wichtigste Himmelskörper, denn ohne ihr Licht und ihre Wärme gäbe es auf der Erde kein Leben.

Planeten sind Himmelskörper, die auf festen Bahnen um einen Stern kreisen. Der Stern bildet dabei mit seinen Planeten ein so genanntes **Sonnensystem**. Planeten leuchten nicht von selbst, sondern spiegeln nur das Licht ihrer Sonne wider.

Die **Erde** ist einer der Planeten, die um unsere Sonne kreisen. Um einige dieser Planeten kreisen wiederum kleinere Himmelskörper, die wir **Monde** nennen. Manche Planeten besitzen mehrere Monde – unsere Erde dagegen nur einen.

Die Sonnenfinsternis

Als Kerstins Eltern vom Einkaufen auf den Campingplatz zurückkehren, springt Kerstin ihnen in großen Sätzen entgegen.

„Habt ihr noch eine bekommen?“, fragt sie aufgeregt.

„Die allerletzte“, antwortet Papa stolz. „Alle Leute, die hinter uns anstanden, sind leer ausgegangen. Du kannst dir nicht vorstellen, wie enttäuscht sie waren.“

Und ob Kerstin sich das vorstellen kann! Seit Tagen sprechen die Leute auf dem Campingplatz von kaum etwas anderem mehr als von der morgigen Sonnenfinsternis. Doch um dieses Ereignis beobachten zu können, braucht man eine besondere Brille. So eine, wie einige Kinder schon gestern auf dem Spielplatz dabeihatten, um damit anzugeben. Ein Glück, dass Mama und Papa auch noch eine ergattert haben!

„Darf ich sie mal sehen?“, bittet Kerstin.

Mama holt ein dünnes Päckchen aus dem Korb. „Aber sei vorsichtig. Die Folie darf auf keinen Fall beschädigt werden."

Behutsam klappt Kerstin das kostbare Stück auseinander. Eigentlich ist die Brille ja nur ein schmaler Streifen aus Karton mit zwei Löchern zum Durchgucken. Doch dort, wo eine normale Brille die Gläser hat, glänzt hier eine silberne Folie.

„Sonnen-Sicht-Brille zur Sonnenfinsternis am 11. August 1999", liest Kerstin einen fetten Aufdruck vor. „Bitte beachten Sie: Nie ohne sicheren Augenschutz in die Sonne blicken! Die starke Strahlung verletzt Ihre Augen!"

Neugierig setzt Kerstin die Brille auf – und kann kein bisschen erkennen. Selbst

als sie ihr Gesicht dem Himmel zuwendet, dringt nur wenig Licht durch die Folie.

„Du siehst aus wie jemand aus *Raumschiff Enterprise*“, findet Papa. „So, und ich grille jetzt Maiskolben.“

Da nimmt Kerstin die Brille schnell wieder ab, denn beim Grillen guckt sie für ihr Leben gern zu.

Satt und zufrieden sitzen Kerstin und ihre Eltern später vor dem Wohnwagen und blinzeln in die untergehende Sonne.

„Wieso ist eine Sonnenfinsternis eigentlich so etwas Besonderes?“, will Kerstin wissen, als es dunkel wird. „Die Sonne geht doch jeden Abend unter, und es wird finster.“

„Hmm.“ Papa kratzt sich am Bauch. „Warte mal. Um dir das zu erklären, brauche ich was aus dem Wagen.“

„Das ist wohl die Sonne?“, vermutet Mama, als er mit einer brennenden Kerze zurückkommt.

Papa nickt und stellt die Kerze vor Kerstin auf den Tisch. Dann angelt er einen Pfirsich aus dem Obstkorb und hält ihn in den hellen Schein.

„Schau, Kerstin, jeden Tag dreht sich unsere Erde im Weltall einmal um sich selbst“, sagt Papa, während er den Pfirsich langsam zu drehen beginnt. „Auf der Seite, die sie dabei der Sonne zuwendet, ist Tag. Und auf der anderen Seite ist Nacht. Doch wenn sich der Pfirsich, ähm, die Erde weiterbewegt, dann wird es dort, wo Tag war, langsam Nacht. Und da wo Nacht war, langsam Tag. Verstanden?“

„Ist ja pippi-leicht“, antwortet Kerstin.

„Stimmt“, gibt ihr Mama Recht und hält

gleich darauf eine leckere Aprikose zwischen Kerze und Pfirsich. „Und das ist jetzt der Mond. Den brauchen wir für unsere Sonnenfinsternis."

„Was hat denn der Mond damit zu tun?", wundert sich Kerstin.

„Tja, der kleine Kerl schiebt sich morgen zwischen Sonne und Erde", sagt Mama. „Dadurch verdeckt er die Sonne wie eine Scheibe. Und weil wir morgen genau in diesem Schatten stehen werden, erleben wir eine totale Sonnenfinsternis."

Kerstin betrachtet den kleinen Schattenfleck, den die angeleuchtete Aprikose auf den Pfirsich wirft.

„Ein Mädchen hat gestern auf dem Spielplatz behauptet, dass es schon mal eine Sonnenfinsternis in Deutschland gesehen hat“, erzählt sie.

„Dann kann es nur eine Teilfinsternis gewesen sein, bei der die Sonne nicht ganz verdeckt wird“, meint Papa. „Das gibt es öfter. Die letzte totale Sonnenfinsternis war bei uns dagegen vor über hundert Jahren zu sehen, sagten sie im Radio.“

Mama grinst. „So, und ihr erlebt jetzt eine Obstfinsternis.“

Und – schwupps – verputzt sie die Aprikose als Nachtisch.

Am nächsten Mittag ist auf dem Campingplatz alles anders als sonst. Kaum jemand unternimmt einen Ausflug. Stattdessen drängen sich die Leute auf einem Hügel und warten auf die Sonnenfinsternis. Leider ist der Himmel ziemlich bewölkt.

„Wenn wir Pech haben, sehen wir gar nichts“, befürchtet Mama.

Doch endlich reißt die Wolkendecke auf – und jeder, der eine Spezialbrille auf der Nase hat, bestaunt, wie sich der Mond zwischen Sonne und Erde schiebt.

„Sieht das cool aus!“, ruft Kerstin, bevor sie ihre Brille an Mama weiterreicht.

Gleich darauf zupft Papa an Mamas Ärmel, weil er auch gucken will. Und selbst einige Leute, die keinen Sichtschutz mehr kaufen konnten, bekommen die Brille geliehen.

Als der Mond schließlich genau vor der Sonne steht, wird es mitten am Tag plötzlich dämmerig. Da schweigen die Menschen andächtig, und die Vögel piepsen nur noch leise.

Kerstin beginnt zu frösteln, so kühl wird ihr ohne das Sonnenlicht.

Aber als sie die Brille wieder aufsetzen darf, sieht sie etwas Wunderschönes: Um die schwarze Mondscheibe flackert ein leuchtender Kranz aus Sonnenstrahlen.

„Das ist die Korona“, raunen die Leute.

Schnell wandert der Mond weiter – und es wird wieder heller.

„So eine Sonnenfinsternis ist echt super!“, meint Kerstin, als sie mit ihren Eltern später zum Wohnwagen zurückschlendert. „Die Spezialbrille hebe ich mir gleich fürs nächste Mal auf.“

Da schmunzelt Papa. „Na, darauf musst du noch ein wenig warten. In Deutschland ist die nächste totale Sonnenfinsternis nämlich erst im Jahr 2081 zu sehen.“

„Was? Dann bin ich ja steinalt!“, ruft Kerstin erschrocken.

Oder – ob sie da überhaupt noch lebt?

Die Erde dreht sich

Der Planet Erde kreist auf einer festgelegten Umlaufbahn um die Sonne. Für eine Umrundung benötigt die Erde 365 Tage, fünf Stunden, 48 Minuten und 46 Sekunden. 365 Tage nennen wir ein **Jahr**. Zum Ausgleich der übrigen Zeit wird alle vier Jahre ein **Schaltjahr** mit einem zusätzlichen Tag eingeschoben.

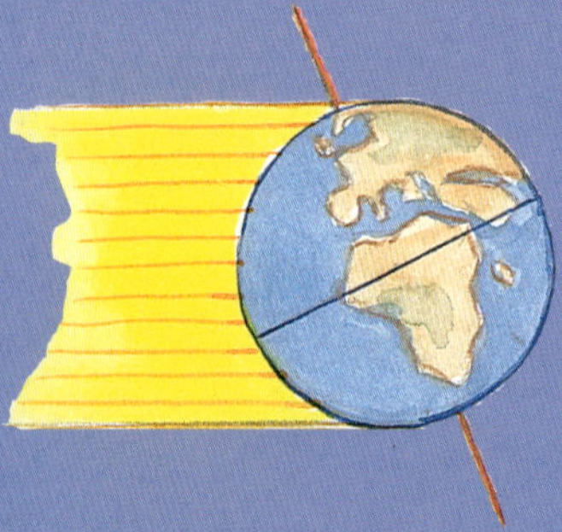

Unsere Erde dreht sich nicht nur um die Sonne, sondern auch um sich selbst. Dazu benötigt die Erdkugel 24 Stunden, also einen ganzen **Tag**. Auf der Seite, die während der Drehung zur Sonne zeigt, ist es hell. Auf der anderen Seite ist in dieser Zeit dagegen **Nacht**.

Jahreszeiten entstehen, weil die Achse der Erde schräg zur Sonne steht. Im Juni, Juli und August zeigt dadurch der obere (nördliche) Teil der Erde zur Sonne, und bei uns ist **Sommer**. Die Sonne steht hoch am Himmel und scheint lange.

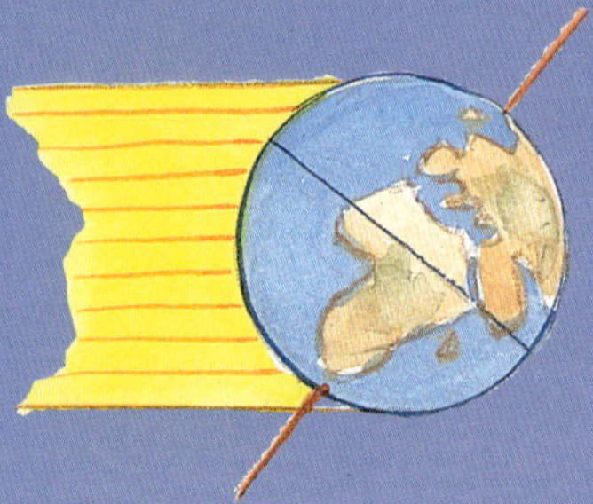

Im Dezember, Januar und Februar ist bei uns **Winter**. Nun ist die Nordhalbkugel weit von der Sonne entfernt, die Strahlen fallen tief und nur kurz ein. Am Nordpol herrscht sogar **Polarnacht**. Dort wird es überhaupt nicht hell. Auf der Südhalbkugel ist jetzt dagegen Hochsommer.

Außer der Sonne ist **unser Mond** der einzige Himmelskörper, den wir von der Erde aus mit bloßem Auge sehen. Er besteht aus festem Gestein und hat Krater und Berge. Doch weil es auf dem Mond weder Wasser noch Luft gibt, ist dort kein Leben möglich.

Der Mond umkreist die Erde jeden Monat einmal. Er leuchtet nicht von selbst, sondern spiegelt das Licht der Sonne wider. Je nachdem, wie viel wir von der Fläche sehen, die gerade angestrahlt wird, erscheint uns der Mond als Sichel, Halb- oder Vollmond – oder wir sehen ihn gar nicht. Diese Erscheinungsformen nennt man **Mondphasen**.

Jeder Himmelskörper besitzt eine **Anziehungskraft**. Große Sterne verfügen dabei über mehr Anziehungskraft als Planeten oder ihre noch kleineren Monde. Die Anziehungskraft unseres Mondes reicht aber aus, um das Wasser der Meere ein wenig anzuheben. Durch die Erddrehung steigt (**Flut**) und fällt (**Ebbe**) das Wasser an den Küsten etwa alle sechs Stunden.

Ufo-Alarm!

Warum müssen Kinder abends eigentlich immer so früh ins Bett? Und warum spielen sich große Brüder immer so auf, wenn Mama und Papa mal ausgegangen sind, und rufen ihre kleine Schwester zum Zähneputzen?

Tanja würde viel lieber noch auf der Terrasse bleiben und ihr Bild fertig malen. Riesig, rund und rot geht die Sonne darauf unter. So, wie es gerade in Wirklichkeit geschehen ist.

Das Bild ist einfach fabelhaft, findet Tanja. Nur eine Kleinigkeit möchte sie noch dazuzeichnen. Mal sehen, was es noch so am Himmel gibt ...

Tanja hebt den Kopf – und stutzt. Nanu, sind denn die beiden hellen Punkte über dem Horizont eben schon da gewesen?

Sie stehen so dicht beieinander, dass sich Tanja erstaunt die Augen reibt.

„Zähneputzen!“, ruft Arne noch einmal

aus dem Haus, bevor er auf der Terrasse erscheint.

„Da fliegt ein Ufo." Tanja deutet auf die zwei Lichter.

„Quatsch. Du willst bloß ablenken, damit du noch nicht ins Bett musst", entgegnet Arne. Doch die seltsame Erscheinung betrachtet er trotzdem interessiert. „Das sind die Scheinwerfer eines Flugzeugs, jede Wette."

„Aber sie bewegen sich nicht. Kein bisschen", widerspricht Tanja. „Also ist es ein Ufo. Es will bestimmt landen."

Arne zeigt seiner Schwester einen Vogel. „Und dann steigen grüne Marsmännchen aus, ja? Bei dir piepst's, Kleine. Los, ab ins Bad."

Tanja rührt sich nicht vom Fleck. „Woher willst du denn wissen, dass es keine grünen Marsmännchen sind?"

„Weil das außer dir einfach jeder weiß", behauptet Arne genervt. „Außerdem hab ich mal ein Buch über Planeten gelesen. Da stand drin, dass es außer auf der Erde auf keinem anderen Himmelskörper unseres Sonnensystems Leben gibt. Und schon gar keine grünen oder blauen Marsmännchen!"

„So, und was ist dann mit dem Mann im Mond, von dem Papa bei Vollmond manchmal spricht?“, beharrt Tanja bockig.

„Das ist doch kein echter Mann!“, stöhnt Arne auf. „Damit meint Papa nur die dunklen Flecken auf der Mondoberfläche, die wir von der Erde aus sehen können. Manche Leute finden, dass sie wie ein Mann aussehen, der einen Sack auf dem Rücken trägt.“

„Stand das auch in diesem schlauen Buch?“, fragt Tanja. Vielleicht sollte sie es sich auch mal besorgen.

Arne nickt – und guckt wieder zu den merkwürdigen Lichtern.

„Die bewegen sich echt nicht“, gibt er zu.

„Siehst du, es ist ein Ufo!“, triumphiert Tanja.

„Logo ist das ein Ufo, solange wir nicht wissen, was es ist“, meint Arne spöttisch. „Die Abkürzung ist nämlich englisch und steht für *unknown flying object*. Das heißt: unbekanntes Flugobjekt.“

„Klugschwätzer!“, ärgert sich Tanja.
Es wird jetzt rasch dunkler, und die Lichter funkeln immer geheimnisvoller.
„Mir wird langsam unheimlich.“ Tanja zieht fröstelnd die Schultern hoch. „Wollen wir nicht Mama und Papa anrufen?“
„Was sollen denn Mama und Papa gegen die Lichter machen?“, fragt Arne zurück.
„Bitte ...“, fleht Tanja.
Arne guckt seine Schwester an, er guckt die Lichter an – und geht seufzend ins Haus, um zu telefonieren.

Doch er wählt nicht Papas Handynummer.

„Hey, Felix! Hast du das da draußen schon gesehen? Genau, die komischen Punkte“, hört Tanja ihren Bruder mit seinem besten Freund sprechen. „Du, dein Vater ist doch bei der Polizei. Kann der nicht ...?“

Und dann sagt Arne eine Weile nichts mehr, sondern hört Felix zu.

Tanja greift wieder zu ihren Stiften und malt einen grünen Außerirdischen mit drei Antennen auf dem Kopf.

„Pah, da kann Arne behaupten, was er will“, denkt Tanja, während sie dem Wesen noch ein glutrotes Auge verpasst. „Wer kann schon wissen, ob es im Weltall nicht noch irgendwo jemanden gibt außer uns Menschen? Mein großer Bruder bestimmt nicht!“

Arne verabschiedet sich am Telefon von Felix und erscheint wieder auf der Terrasse.

Grinsend wirft er einen Blick auf Tanjas Bild. „Wow, deine Fantasie schlägt ja immer noch Purzelbäume. Übrigens bist du nicht die Einzige, die die Lichter für ein Ufo hält."

„Wieso? Felix auch?", fragt Tanja.

„Quatsch. Aber er hat erzählt, dass bei seinem Vater wegen der Lichter eine Menge Anrufe eingegangen sind. Daraufhin hat die Polizei bei einem Institut nachgefragt, das außergewöhnliche Dinge am Himmel erforscht." Arne grinst nun breit wie ein Honigkuchenpferd. „Und siehe da, die Lichter haben eine natürliche Ursache: Heute Abend stehen die Planeten Venus und Jupiter scheinbar eng beieinander. Das sieht dann für uns so aus." Er zeigt auf den Horizont.

„Oh", sagt Tanja – und einen Augenblick lang weiß sie nicht, ob sie über diese einfache Erklärung enttäuscht sein soll oder froh. „Schau mal, jetzt verschwinden die Lichter sogar."

„Stimmt. Das Schauspiel ist nur eine halbe Stunde zu sehen, meinte Felix.“

Arne sammelt Tanjas Farbstifte ein. „Und du machst es jetzt wie Venus und Jupiter und verschwindest ebenfalls. Nämlich in Richtung Badezimmer, Kleine!“

Unser Sonnensystem

In unserem Sonnensystem kreisen neun Planeten um die Sonne. Sie umrunden den großen Stern alle in derselben Richtung und werden durch seine Anziehungskraft auf ihren **Umlaufbahnen** gehalten. Diese Bahnen sind nicht kreisförmig, sondern eiförmige **Ellipsen**.

Die fünf „äußeren Planeten“ **Jupiter**, **Saturn**, **Uranus**, **Neptun** und **Pluto** liegen außerhalb des Asteroidengürtels. Sie bestehen zum großen Teil aus dichten Gasen. Der Jupiter ist der größte Planet unseres Sonnensystems, Pluto der kleinste.

Die vier Planeten, die der Sonne am nächsten stehen, heißen **Merkur**, **Venus**, **Erde** und **Mars**. Sie sind verhältnismäßig klein und haben eine feste Oberfläche. Von der Erde aus sind abends mit bloßem Auge besonders die helle Venus und der rötlich schimmernde Mars gut zu sehen.

Merkur, Venus, Erde und Mars bezeichnet man als „innere Planeten“, weil sie sich innerhalb des so genannten **Asteroidengürtels** befinden. Asteroiden sind Sandkörner, Steine und Felsbrocken, die übrig blieben, als sich die Planeten bildeten.

In welcher Reihenfolge die Planeten unsere Sonne umkreisen, kann man sich gut mit folgendem Satz merken:

„**M**ein **V**ater **e**rklärt **m**ir **j**eden **S**onntag **u**nsere **n**eun **P**laneten.“

Die Anfangsbuchstaben der Wörter stehen jeweils für einen Planeten – **M**ein für **M**erkur, **V**ater für **V**enus usw.

Saturn

Die Erde ist der einzige Planet unseres Sonnensystems, auf dem es **Leben** gibt. Große Flächen sind von **Wasser** bedeckt, das für Lebewesen ebenso wichtig ist wie die vorhandene **Luft** zum Atmen. Die oberen Schichten der **Atmosphäre** schützen zugleich vor den schädlichen UV-Strahlen der Sonne.

Sternengucker

Tim ist für ein paar Tage bei seinen Großeltern zu Besuch.

„Prima, heute ist ein Glückstag für mich!“, freut sich Oma am Frühstückstisch und guckt von der Zeitung auf. „Mein Horoskop lautet: Jemand wird besonders nett zu Ihnen sein.“

„Ach, du und dein olles Horoskop“, brummelt Opa. „Hör Oma am besten gar nicht zu, Tim. Sie glaubt, dass ihr die Sterne die Zukunft vorhersagen können. So ein Blödsinn.“

„Lass mir doch den Spaß“, verteidigt sich Oma lächelnd, bevor sie weiterliest. „Für Tim schreiben sie, dass auf ihn heute eine Überraschung wartet.“

Tim bekommt große Augen. „Über mich steht auch was in der Zeitung?“

„Ja, über dein Sternzeichen“, antwortet Oma. „Du bist Stier, weil du Anfang Mai Geburtstag hast.“

„Hä?“ Nun kapiert Tim gar nichts mehr.

„Da, guck.“ Oma reicht ihm die aufgeschlagene Seite. „Hier im Horoskop sind alle Tierkreiszeichen abgebildet. Ich bin zum Beispiel Krebs, weil ich Mitte Juli geboren wurde. Und hinter dem Krebs-Zeichen steht, was ich heute erleben werde.“

Neugierig betrachtet Tim die zwölf Zeichnungen. Er entdeckt Stier und Krebs, einen Skorpion, einen Löwen, einen Fisch ...

„Das Zeichen hier kenne ich.“ Tim deutet auf eine Figur, die Pfeil und Bogen spannt. „So was trägt Paul aus meiner Klasse als Anhänger an einem Kettchen. Das sieht cool aus.“

„Dann ist Paul wahrscheinlich im Sternzeichen Schütze geboren“, meint Oma. „Genau wie Opa.“

„Nicht alle Sternbilder des Tierkreises sind nach Tieren benannt“, fügt Opa hinzu. „Einigen gab man auch Namen von Gestalten oder Gegenständen. Die Tierkreiszeichen gehören übrigens zu unseren ältesten und schönsten Sternbildern.“

Tim guckt seinen Großvater verwundert an.

„Ich denke, du glaubst nicht an dieses Ho…ro…Dingsbums?“

„Horoskop“, vervollständigt Opa. „Richtig, daran, dass man aus der Stellung der Sterne die Zukunft ablesen kann, glaube ich nicht. Aber die Sternbilder gibt es wirklich am Himmel zu sehen. Wenn du willst, zeige ich dir heute Abend einige davon.“

„Echt? Mann, super!“, freut sich Tim.

„Eine prima Idee“, findet auch Oma. Sie

beginnt, den Tisch abzuräumen. „Aber erst mal muss ich in die Stadt. Ich habe etwas Wichtiges zu erledigen."

Den ganzen Tag wartet Tim auf die Überraschung, die er erleben soll. Doch nichts Besonderes geschieht. Und als am Abend die alte Standuhr achtmal schlägt, gähnt Tim müde. „Sag mal, Opa, wo sind die Sterne eigentlich tagsüber?", will er wissen.

„Sie stehen am Himmel, genau wie nachts", antwortet Opa und packt eine flauschige Decke in Omas Weidenkorb.

„Aber weil die Sonne so hell leuchtet, bemerken wir sie nicht.“

Auf die Decke legt Opa noch eine Thermoskanne mit warmem Kakao und Kekse.

„Machen wir denn ein Picknick?“, fragt Tim erstaunt.

Opa nickt. „Wir laufen hinaus vors Dorf. Abends gibt es auch im Ort zu viele Lichter, um die Sterne gut sehen zu können.“

Dann macht sich auch Oma für den Ausflug fertig. Und eine halbe Stunde später hilft Tim ihr, auf einer Wiese die Decke auszubreiten, bevor Opa seine Taschenlampe ausknipst.

Stockfinster ist es nun um sie herum.
„Komm, setz dich“, flüstert Oma, zieht Tim zu sich auf den Schoß und guckt mit ihm hinauf zu den Sternen.
Unzählige sind es. Und sie funkeln so prachtvoll in der klaren Nacht, wie Tim es noch nie gesehen hat.
Gemütlich kuschelt er sich an Oma, während Opa von den Sternbildern zu erzählen beginnt.
Da gibt es den kleinen Bären. Dann den Drachen. Und die Jagdhunde, aber die bestehen bloß aus zwei Sternen.
„Die Sternbilder sehen ja gar nicht wie Tiere aus“, meint Tim etwas enttäuscht.
„Nur mit viel Fantasie“, stimmt Opa ihm zu. „Die Muster der Sternbilder ergaben sich ja zufällig, als das Universum entstand. Erst die Menschen haben versucht, sie zu Figuren zusammenzufügen. Siehst du zum Beispiel die Krone?“ Opa deutet auf fünf Sterne, die hoch über ihnen einen

Halbbogen formen. „Da passt der Name ganz gut."

Sogar eine Geschichte weiß Opa zu diesem Sternbild. Es ist die Sage über den Helden Theseus, der mit der Krone auf dem Kopf gegen das schreckliche Ungeheuer Minotaurus kämpfte.

„Der hell funkelnde Stern in der Mitte der Krone heißt übrigens Gemma", endet Opa. „Das bedeutet übersetzt ‚Juwel'. Ihn finde ich besonders schön."

„Aber nein", widerspricht ihm Oma entrüstet. „Der schönste Stern im ganzen riesigen Universum ist doch unser Tim."

Opa knipst seine Taschenlampe an und leuchtet Tim ins Gesicht. „Richtig", sagt er.

Da kichert Tim. Und kuschelt sich noch ein wenig mehr an Oma.

„Ach je, ich habe ja noch was", fällt Oma plötzlich ein. Sie greift in ihre Jackentasche, zieht etwas silbrig Glänzendes hervor und legt es in Tims Hand. „Hier, den kleinen Stier-Anhänger habe ich für dich in der Stadt besorgt. Als Glücksbringer."

„Meine Überraschung!", ruft Tim. „Cool! Danke!"

Und im nächsten Augenblick schmatzt er seiner Großmutter einen herzhaften Kuss auf die Backe.

Oma lacht.

„Na bitte, also hat mein Horoskop doch Recht gehabt", sagt sie schelmisch zu Opa. „Oder war Tim nicht gerade besonders nett zu mir?!"

Kleine Sternenkunde

Schon die Völker des Altertums erstellten Karten von den Himmelskörpern. Dabei ordneten sie die Sterne nach Mustern. Diese **Sternbilder** benannte man nach Tieren, Göttern oder Gegenständen. Seefahrer benutzten die Bilder zur Orientierung auf den Meeren und fügten selbst neue hinzu. Heute gibt es 88 Sternbilder.

Kleiner Wagen

Zwei auffällige Sternbilder sind der **große Wagen** und der **kleine Wagen** (sie werden auch großer und kleiner Bär genannt). An der Spitze des kleinen Wagens findet man leicht den wichtigsten Stern des Nordhimmels: den hellen **Polarstern**. Er steht fast genau über dem Nordpol und ist deshalb ein besonders guter Wegweiser.

Die Sonne beschreibt im Lauf eines Jahres am Himmel scheinbar einen Kreis. Entlang dieser Linie durchwandert sie zwölf Sternbilder: die berühmten **Tierkreiszeichen**. Der Name Tierkreis ist aber nicht ganz richtig, weil sich zwischen den Tieren auch Menschen und ein Gegenstand befinden.

Astrologen sind Leute, die die Stellung der Himmelskörper bei der Geburt eines Menschen berechnen. Eine große Rolle spielen dabei die Tierkreiszeichen. Aus dem Lauf der Gestirne wird ein **Horoskop** erstellt, das die Zukunft voraussagen soll. Das alte griechische Wort bedeutet übersetzt ‚Stundenschauer'.

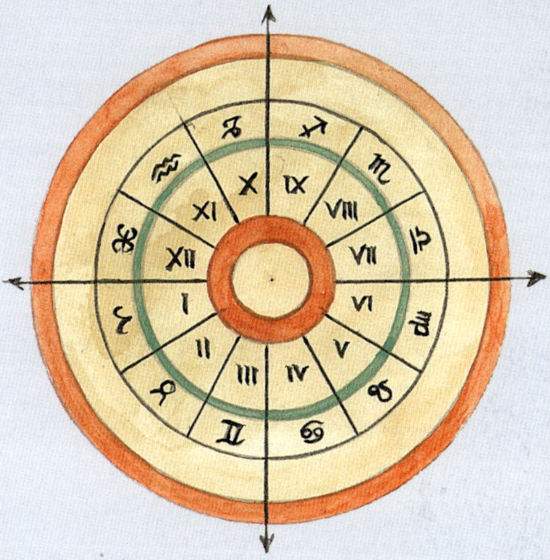

Die Sterne leuchten unvorstellbar weit weg von uns. Ihr Licht ist oft hunderte von Jahren unterwegs gewesen, ehe wir es sehen. Die Entfernung zu den Sternen wird deshalb in **Lichtjahren** gemessen: Ein Lichtjahr ist die Strecke, die ein Lichtstrahl in einem Jahr zurücklegt. Es entspricht rund zehn Billionen Kilometern – einer Eins mit 13 Nullen!

Mit bloßen Augen können wir nur die hellsten Sterne leuchten sehen. Blassere Sterne werden mit **Spezialfernrohren** erforscht, die in einem **Observatorium** stehen. Solche Beobachtungsstationen werden meist auf hohen Bergen errichtet, weil dort die Luft klar ist und keine künstlichen Lichtquellen stören.

Ein seltsamer Astronaut

Wenn Leon doch nur zwei Wünsche frei hätte! Er wüsste genau, was er sich wünschen würde!

Erstens, dass die Raumfähre, die er heute endlich fertig gebaut hat, echt wäre und er mit ihr ins Weltall fliegen könnte. Einmal schwerelos zu sein, das wär's!

Aber das ist ein verrückter Wunsch, den nur ganz wenige Menschen erfüllt bekommen, wenn sie schlaue Wissenschaftler sind und lange dafür trainiert haben.

Und zweitens würde Leon sich wünschen, dass sich sein doofer Baby-Bruder in Luft auflöst. Aber diesen Wunsch wird ihm wohl erst recht niemand erfüllen.

Dabei ist Max zu nichts zu gebrauchen. Kein Wort spricht er, und mit ihm spielen kann man auch noch nicht. Und alles betatscht er.

Genau wie jetzt – jetzt grapscht Max nach der Raumfähre!

„Maaxiii!", schreit Leon entsetzt auf. „Lass das!"

Da nuckelt Max erschrocken an seinem Schnuller, lässt das Raumschiff fallen – und es zerschellt in die fünfhundert Teile, aus denen Leon es mühsam zusammengesetzt hat.

„Grumpf", macht Max erst mal nur. Aber gleich darauf brüllt er wie am Spieß, weil sich Leon auf ihn stürzt. Ist das ein Radau im Kinderzimmer!

Sofort kommt Mama angelaufen und

nimmt Max auf ihren Arm, damit wieder Ruhe einkehrt.

„Du kannst dein Raumschiff ja neu bauen“, versucht Mama auch Leon zu trösten, bevor sie mit Max aus dem Zimmer geht.

„Nochmal bauen? Pah! Das dauert doch ewig!“, denkt Leon stinksauer. Schluchzend wirft er sich auf sein Bett und vergräbt das Gesicht in der Zudecke …

„Nanu, das Bett fühlt sich aber seltsam an.“ Leon öffnet die Augen und merkt, dass er in einem dünnen Schlafsack steckt.

Festgehakt in seiner Raumfähre. Und mit dem Kopf nach unten hängend. Doch weil Leon schwerelos ist, ist das kein Problem.

Ähm ... schwerelos?

Leons Herz hüpft vor Freude. „Genial! Also hat sich mein erster Wunsch doch erfüllt, und ich sause durchs Weltall!"

Allerdings hätte Leon nicht gedacht, dass es in einer Raumfähre so laut ist. Da rauschen Computerlüftungen und Klimaanlagen. Es piepsen Kontrollgeräte und Messinstrumente.

Neugierig gleitet Leon aus seinem Schlafsack, um alles genauer zu erkunden. Aber hoppla! Bloß gut, dass es überall Schlaufen gibt, an denen er sich durch die Kabine hangeln kann. In der Schwerelosigkeit zu schweben ist gar nicht so einfach.

Eine kleine Bewegung zu viel, schon schlägt Leon Purzelbaum.

Und auch das Benutzen der Toilette ist im Weltraum ziemlich kompliziert.

Leon zieht gerade wieder die Hosen hoch, als über Lautsprecher eine Stimme ertönt: „Hier Missionskontrolle. Holen Sie bitte Ihren Kollegen an Bord. Er hat den Satelliten repariert."

Es ist die Bodenstation, die sich gemeldet hat.

„Welchen Kollegen meinen die?", denkt Leon überrascht. „Bin ich denn nicht alleine?"

Sofort schwebt er zu einem Bullauge, guckt kopfüber nach draußen – und hat im ersten Augenblick das dumme Gefühl, als könnte er in die Tiefe stürzen.

Aber was für ein Ausblick bietet sich ihm!

Weit, weit unter sich sieht er die Erde vorbeiziehen. Unbeschreiblich schön leuchten grüne Wälder und blaue Meere, ja, sogar Gewitter als stürmische Lichtfelder.

Leon kann sich kaum satt sehen. Bis ihm einfällt, dass er ja eigentlich seinen Kollegen hereinlassen soll.

Auf dieser Seite scheint der Kerl allerdings nicht zu stecken.

Oder doch! Da steuert ein Astronaut mit düsenbetriebenem Rucksack auf die Raumfähre zu! Golden blitzt das Visier seines geschlossenen Helmes in der Sonne auf.

„Der sieht aber klein aus“, wundert sich Leon.

Mehr Zeit zum Nachdenken bleibt ihm nicht, denn der Kollege ist schon bei der Luftschleuse angekommen. Zum Glück weiß Leon, wie das Ding funktioniert. Schließlich hat er das Raumschiff selbst gebaut.

Er wartet, bis der unbekannte Astronaut die Außentür des Tunnels geschlossen hat, damit keine Luft austritt, und öffnet erst dann den Riegel der Innentür.

Tollpatschig rudert Leons Kollege in die Raumfähre.

„Das liegt wahrscheinlich an dem klobigen Raumanzug“, vermutet Leon und hilft ihm, die Ausrüstung abzulegen.

Gespannt löst er die Verriegelung des Helmes, hebt ihn ab – und starrt sein Gegenüber im nächsten Moment sprachlos an: Das ... das ist ja sein doofer Baby-Bruder!

„Grumpf“, macht Max. Und schon schwebt er an Leons Nase vorbei, steuert einen gefährlich roten Knopf beim Sitz des Kommandanten an, betrachtet ihn kurz und ...

„Maaxiii! Lass das!“, brüllt Leon.

Zu spät. Das Zünden der Triebwerke klingt in der Raumfähre wie Donnergrollen. Leon spürt einen ungeheuren Stoß, viel stärker, als wenn Papa beim Autofahren aufs Gaspedal drückt. Immer stärker bebt das Raumschiff – und Leon bebt mit …

„Aufwachen, du Schlafmütze“, hört Leon seine Mutter sagen. „Ich habe uns Kakao gemacht.“

Verwirrt schlägt Leon die Augen auf und merkt, dass Mama ihn sanft an der Schulter rüttelt. Und da steht auch Max. Zwischen den Trümmern der Raumfähre. Und streckt Leon die Zunge raus.

„Na, warte“, denkt Leon, „irgendwann geht auch mein zweiter Wunsch noch in Erfüllung! Schwerelos war ich ja nun schon! Wenn auch nur im Traum.“

Unterwegs im All

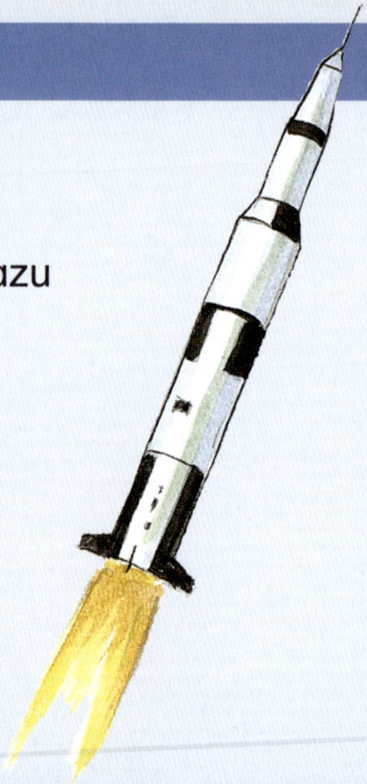

Wer in den Weltraum fliegen will, muss die Anziehungskraft der Erde überwinden. Die dazu nötige hohe Fluggeschwindigkeit erreichen nur **Raketen**. Sie funktionieren nach dem **Rückstoßprinzip**. Wenn der Treibstoff in der Brennkammer verbrennt, entweichen auf der Unterseite Gase und treiben die Rakete durch ihre Schubkraft an.

Kleine, unbemannte Flugkörper, die unsere Erde umkreisen, nennt man **Satelliten**. Sie werden von Trägerraketen auf ihre Umlaufbahn gebracht und erfüllen bestimmte Aufgaben. Wettersatelliten überwachen zum Beispiel Wirbelstürme, andere übermitteln Telefonate oder Fernsehprogramme.

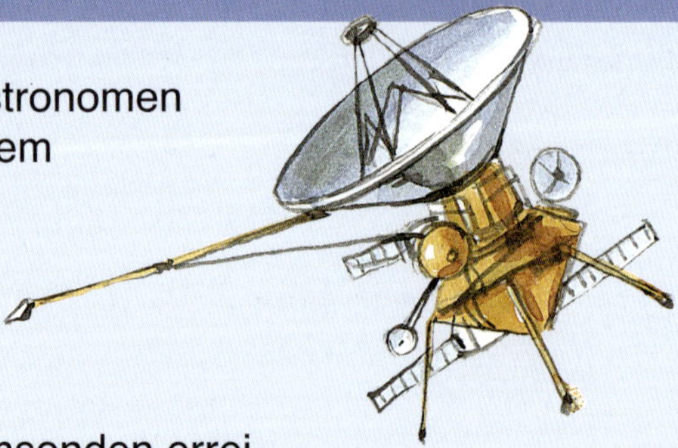

Fast alle Erkenntnisse, die Astronomen heute über unser Sonnensystem erhalten, verdanken sie **Raumsonden**. Diese unbemannten Flugkörper senden von ihren Reisen zu den Planeten Bilder und Daten auf die Erde. Raumsonden erreichen oft erst nach Jahren ihr Ziel und bleiben für immer im All.

Lange arbeiteten Wissenschaftler daran, Menschen ins Weltall fliegen zu lassen. Im Jahr 1961 wagte es der Russe Juri Gagarin, als erster Mensch die Erde in einer **Raumkapsel** zu umrunden. Und schließlich betrat der Amerikaner Neil Armstrong am 21. Juli 1969 als erster Mensch den Mond.

Gagarins Raumkapsel

Im Gegensatz zu Raumkapseln kann man eine **Raumfähre** immer wieder ins All schicken. Sie besteht aus dem Raumgleiter für die Besatzung, Startraketen und einem Treibstofftank. Spaceshuttles starten wie eine Rakete und kehren nach fünf bis zehn Tagen wie ein Segelflugzeug zur Erde zurück.

Ein großes bemanntes Raumschiff, das viele Jahre auf einer Umlaufbahn um die Erde kreist, bezeichnet man als **Raumstation**. Ihre Bauteile werden mit Raumfähren ins All gebracht und erst dort von Astronauten zusammengesetzt. An Bord führen Wissenschaftler Experimente durch. Dafür bleiben sie oft mehrere Monate im All.

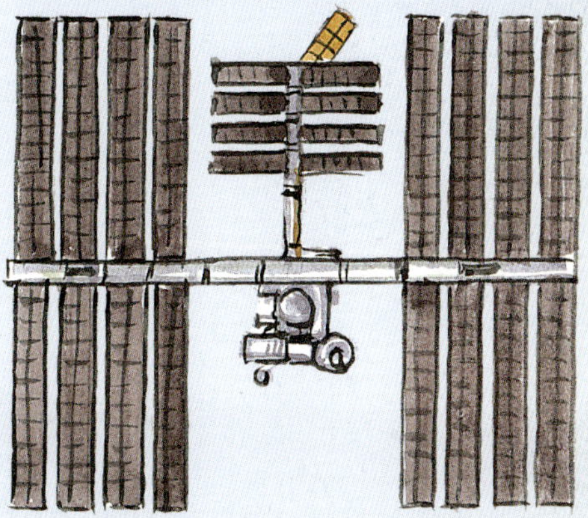

Lydia Hauenschild wurde 1957 im Bayerischen Wald geboren. Ihre Kindheit bestimmten vor allem zwei Dinge: die Tiere auf dem Bauernhof ihres Vaters – und jede Menge Lesefutter aus Büchereien. Nach dem Studium der Agrarwissenschaften in Göttingen kam sie 1985 durch die Geburt ihrer Kinder zum Schreiben: Weil es keinen Ratgeber für Zwillingseltern gab, entschloss sie sich kurzerhand, selbst einen zu verfassen. Seitdem denkt sie sich aber mit ebenso viel Spaß auch Geschichten für Kinder aus. Lydia Hauenschild lebt mit ihrer Familie in der Pfalz.

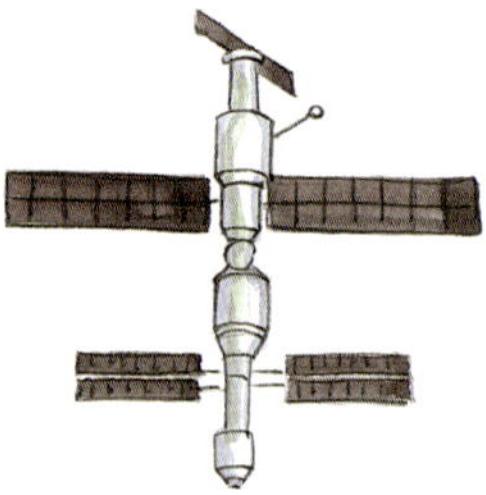

Johann Brandstetter, 1959 in Altötting geboren, half schon als Kind in der Restauratoren-Werkstatt seines Vaters, besonders gerne malte er Naturmotive und Menschen. Heute arbeitet er als Illustrator und gestaltet in seinem sonnigen Atelier Kinder-, Jugend- und Sachbücher. Wenn er noch Zeit findet, spielt er Gitarre und macht mit seiner Frau und Freunden Musik. Außerdem wandert und reist er gerne.